U0592193

少年儿童百科全书

美丽的自然

（英）鲁斯·西蒙斯　著

蒋彤彤　译

何晶　审校

辽宁科学技术出版社
·沈阳·

目录 Contents

生态学　4

世界生物群落带　6

自然界的循环　8

热带雨林　10

地下世界　20

河流和池塘　22

山脉　24

人与自然　26

湿地　12

沙漠　14

草原　16

森林　18

这本书应该怎么看？

每两页有一个简介，用来介绍主题大意，紧接着是关键词。如果想要了解关于主题更多的内容，可以阅读"你知道吗"部分，或者按照箭头指示阅读相关条目。

简介： 这部分是关于主题的简要介绍和一些基础知识。

箭头： 延伸阅读，如果你想了解更多，请直接翻到箭头所指的那页。例如（➡26）表示向后翻到第26页。（⬅6）表示向前翻到第6页。

你知道吗： 向小·读者介绍更多有趣的知识点。

生态学 Ecology

生态学是研究动物、植物和其他生物如何在一起共存的学科。个体的生命形态很少独立存在，而是彼此依赖，相互关联，以满足各自对食物等物质的需要。例如，动物以植物的某一部分作为食物，而动物的粪便作为肥料让植物更好地生长。生态学也研究生物如何适应非生命环境，包括水、土壤和岩石，以及生物如何应对一些不断变化的环境，如天气和季节。

适应性（Adaptation）： 是指生物世世代代通过改变自身的身体结构或行为方式，以更好地适应环境的过程。动物能适应气候，寻觅到合适的食物，并且能避免成为食肉动物的食物。例如，北极兔有厚厚的兔毛可以御寒，敏锐的嗅觉帮助它们找到积雪覆盖下的植物，还有白色的皮毛使它们能够和周围的环境融合在一起。

生物多样性（Biodiversity）： 是指生态系统中物种数量多和多样。

生物量（Biomass）： 生态系统中所有生命形态的总个数（总干重）。

生物圈（Biosphere）： 是指整个生物世界。生物圈包括地球上全部生物和每一个有生命存在的地方，包括陆地、海洋和大气层等。

气候（Climate）： 是指某一特定区域一段时间内的天气类型。一个地区的气候主要取决于它的地理位置，同时受到海拔、风向和洋流的影响。热带气候地区全年湿热，沙漠却非常干燥，气候湿润地区夏季温暖，冬季寒冷，极地地区终年寒冷。

集群（Colony）： 是指生活在一起的一类动物群体。有的动物，如蚂蚁，形成了固定的集群，每只蚂蚁都是一个集群中的成员，相互合作觅食、繁殖。有的动物只在繁殖的时候才会以集群的方式聚集。

群落（Community）： 是指生活在同一自然区域内不同物种的总和。不同物种为了生存相互影响，相互依赖。

生态系统（Ecosystem）： 是指生物与非生物相互作用而形成的一个整体。生态系统中包含不同的栖息环境。小到一棵树，大到整片森林。在一个生态系统中，所有物种都由食物链（➡8）连接在一起。

地方性物种（Endemic）： 是指只在诸如海岛等小范围内存在的物种，例如，鬣蜥这种动物对于马达加斯加岛来说就是地方性物种。

环境（Environment）： 包括生命周围的生物和非生物因素。

栖息地（Habitat）： 植物或动物生存的环境类型。林地、沼泽和湖泊都是不同类型的栖息地。

生态龛（Niche）： 是指植物或动物在群落中的地位或作用，包括住所、行为、饮食等方面。

有机体（Organism）： 是有生命的个体。

种群（Population）： 生活在某一特定地方的同一种类的动物或植物群体。

生产率（Productivity）： 生态系统产生生物数量的速度。例如，热带雨林就是非常富饶的生态系统，在那里，生命的生长速度非常快。

进化过程

自然演替（Succession）： 是指生态系统缓慢、自然地变化。例如，如果一片森林被自然烧毁，还会逐渐地恢复生长。在这一过程中，植物和动物迁徙到其他地区，而这里的环境变得更适合其他物种生存。最终，生态系统达到一个稳定的阶段，即"顶级群落"。

关键词和条目： 带颜色的关键词是这一主题中小·读者们应该了解的知识点，后面的文字是对这个词语的详细解释。

页码： 让小·读者轻易找到自己想看的那页。

生态学 Ecology

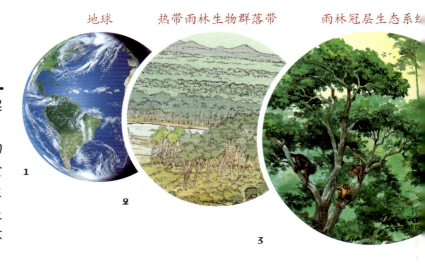

地球　热带雨林生物群落带　雨林冠层生态系统

1　2

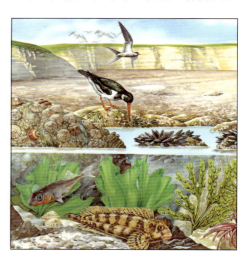

3

生态学是研究动物、植物和其他生物如何在一起共存的学科。个体的生命形态很少独立存在，而是彼此依赖，相互关联，以满足各自对食物等物质的需要。例如，动物以植物的某一部分作为食物，而动物的粪便作为肥料让植物更好地生长。生态学也研究生物如何适应非生命环境，包括水、土壤和岩石，以及生物如何应对一些不断变化的环境，如天气和季节。

适应性（Adaptation）：是指生物世世代代通过改变自身的身体结构或行为方式，以更好地适应环境的过程。动物能适应气候，寻觅到合适的食物，并且能避免成为食肉动物的食物。例如，北极兔有厚厚的兔毛可以御寒，敏锐的嗅觉帮助它们找到积雪覆盖下的植物，还有白色的皮毛使它们能够和周围的环境融合在一起。

生物多样性（Biodiversity）：是指生态系统中物种数量多种多样。

啄木鸟

鸟巢

松鼠

蝙蝠

一棵橡树就是一个小的生态系统，许多生物在这里栖息

生物量（Biomass）：生态系统中所有生命形态的总个数（总干重）。

生物圈（Biosphere）：是指整个生物世界。生物圈包括地球上全部生物和每一个有生命存在的地方，包括陆地、海洋和大气层等。

气候（Climate）：是指某一特定区域一段时间内的天气类型。一个地区的气候主要取决于它的地理位置，同时受到海拔、风向和洋流的影响。热带气候地区全年湿热；沙漠却非常干燥；气候温和地区夏季温暖，冬季寒冷；极地地区终年寒冷。

集群（Colony）：是指生活在一起的一类动物群体。有的动物，如蚂蚁，形成了固定的集群，每只蚂蚁都是一个集群中的成员，相互合作觅食、繁殖。有的动物只在繁殖的时候才会以集群的方式聚集。

群落（Community）：是指生活在同一自然区域内不同物种的总和。不同物种为了生存相互影响，相互依赖。

生态系统（Ecosystem）：是指生物与非生物相互作用而形成的一个整体。生态系统中包含不同的栖息地。小到一棵树，大到整片森林。在一个生态系统中，所有物种都由食物链（➡8）连接在一起。

地方性物种（Endemic）：是指只在诸如海岛等小范围内存在的物种。比如，狐猴的所有物种对于马达加斯加岛来说就是地方性物种。

海滨动物必须习惯于应付太阳、风、海浪以及不断变化的海平面。不是所有动物都能在这样的环境下生存

4

冠层群落

生态学家把地球的生物圈(1)分成不同的层次：生物群落带(2)(➡6)、生态系统(3)、群落(4)和生态龛(5)

吼猴

你知道吗

★ "生态学"一词源于古希腊语 oikos (ecos)，意思是"房子"。因此，生态学可以解释为研究"大自然的管家"的一门学科。

★ 环境变化最大的栖息地是海岸，潮汐一天内就会使环境改变两次。最恒久不变的栖息地之一是海底，海底安静、黑暗，而且寒冷。

★ 生态学能够帮助我们理解人类对环境的影响，并学会如何减少我们对环境造成的破坏。

环境（Environment）：包括生命周围生物和非生物因素。

栖息地（Habitat）：植物或动物生存的环境类型。林地、沼泽和湖泊都是不同类型的栖息地。

生态龛（Niche）：是指植物或动物在群落中的地位或作用，包括住所、行为、饮食等方面。

有机体（Organism）：是有生命的个体。

种群（Population）：生活在某一特定地方的同一种类的动物或植物群体。

生产率（Productivity）：生态系统产生生物数量的速度。例如，热带雨林就是非常富饶的生态系统，在那里，生命的生长速度非常快。

进化过程

自然演替（Succession）：是指生态系统缓慢、自然地变化。例如，如果一片森林被自然毁坏，还会逐渐地恢复生长。在这一过程中，植物和动物迁徙到了其他地区，而这里的环境变得更适合其他物种生存。最终，生态系统达到一个稳定的阶段，即"顶级群落"。

树木最终长成高耸的植物，一个林地生态系统就形成了

大型植物和灌木不断生长，为大型动物提供食物和住所

被风吹落的种子散落在地上和花上，昆虫们就以这些植物为食

只有少量植物的光秃秃的地表

世界生物群落带 World Biomes

生物群系是由世界上不同地区的相似的植物、动物和气候（➡18）组成的一个大的生态系统。例如，橡树、山毛榉、枫树以及其他阔叶树木的林地共同组成了温带森林群落带。地球上有许多大型的自然生物群落带，这里将主要介绍其中的9个。每个生物群落带都是当地气候（◀4）、岩石和土壤相互作用的产物。

极地（POLAR）：地球的南北极，一年中的大多数时间被冰雪覆盖，属于极地生物群落带。

沙漠（DESERT）：地球上降雨量小、土地干旱的地方形成了沙漠。

灌木丛林地（SCRUBLAND）：由灌木、灌木丛和草地组成的半干旱地区。

海洋（OCEAN）：覆盖地球的咸水水域，约占地球表面积的71%，是最大的生物群落带。

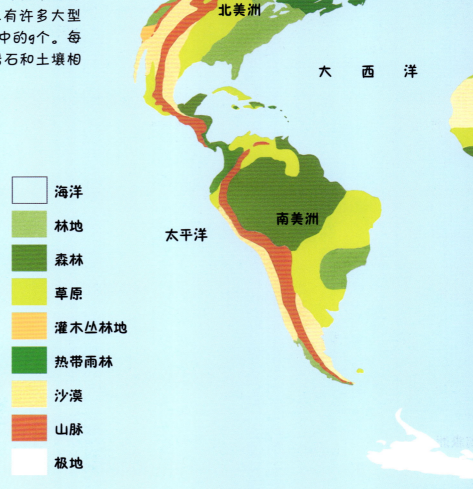

- 海洋
- 林地
- 森林
- 草原
- 灌木丛林地
- 热带雨林
- 沙漠
- 山脉
- 极地

北美洲　大西洋　太平洋　南美洲

这是地球的自然生物群落带，看不出人类对地球的影响

山脉　针叶林　湖泊　草原　海岸　河口　林地　海洋

6

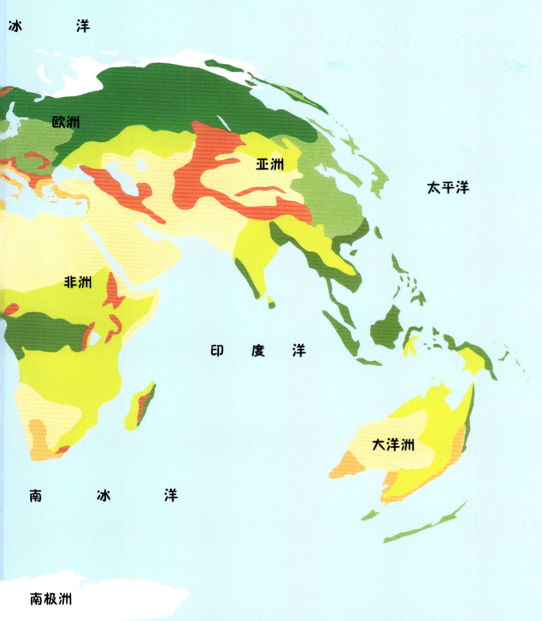

冰 洋

欧洲

亚洲

太平洋

非洲

印 度 洋

大洋洲

南 冰 洋

南极洲

山脉（MOUNTAIN）：地球上寒冷的高原地区形成了山脉生物群落带。只有最耐寒的植物和动物才能在这里生存。

北方森林（BOREAL FOREST）：北方生物群落带在寒冷的北部地区。这里生长的主要植物是耐寒的针叶树。

林地（WOODLAND）：在气候温和的林地，夏季温暖，冬季温和，树木繁茂，阔叶树在冬季落叶。

热带雨林（TROPICAL RAINFOR-EST）：分布在近赤道地区，那里气候炎热，终年潮湿。

草原（GRASSLAND）：草原分布在降雨量比沙漠多但比森林少的地区。非洲的热带稀树草原就是草原和树木混合分布的地区。

环境

沙漠

沿海沼泽　　河流

河口

自然界的循环 Natural Cycles

地球上有一定数量的化学物质。实际上，这些化学元素，如氧元素和碳元素，既不能被生成，也不能被毁灭。它们具有循环性：以矿物质和营养物质的形式在自然界中不断循环。在陆地上，植物从土壤中吸收这些化学物质，然后又被食草动物吸收，而食草动物自身又可能会被食肉动物吃掉。当植物或动物死亡并腐烂后，这些营养物质又回到土壤中。

食物链顶端的捕食者（Apex Predator）： 位于食物链顶端的动物，自然界中它们没有天敌。

碳（Carbon）： 一种构成生命细胞的化学元素。所有生物体都是由含有碳元素的分子组成的。

碳循环（Carbon Cycle）： 是指自然界中碳的循环。碳，在空气中以二氧化碳的形式存在，在光合作用下被植物吸收以供自身所需。动物吃掉植物，利用含有碳的物质提供身体所需，获取能量。二氧化碳作为废气被排出，被空气吸收，于是循环继续。

肉食动物（Carnivore）： 指以其他动物为食的动物。

消费者（Consumer）： 一类生物，以其他生物为食来获取能量。消费者有时被称作异养型生物。所有的动物都是消费者。

分解者（Decomposer）： 一类生物，能够分解残骸、粪便等，并回收营养物质。一些真菌、细菌和动物，如蚯蚓，都是分解者。

食物链（Food Chain）： 植物被动物吃掉，动物又被其他动物吃掉，以此类推。大多数动物以不同类型的食物为食，所以它们属于不同的食物链。

食物网（Food Web）： 生态系统（◀4）中相互关联的各种食物链。

植食动物（Herbivore）： 以植物为食的动物。

矿物质（Minerals）： 由天然的化学元素组成的非生命的固体物质。

食物链

猞猁
兔子
尖鼠
熊
（食物链顶端的食肉动物）
昆虫
植物
鹰
鸣禽

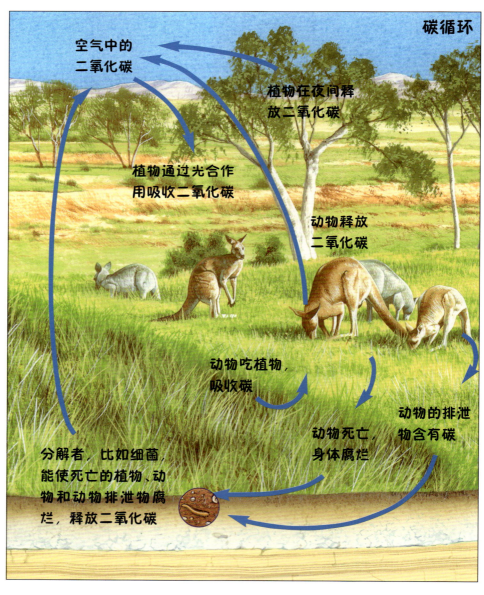

碳循环

空气中的二氧化碳

植物在夜间释放二氧化碳

植物通过光合作用吸收二氧化碳

动物释放二氧化碳

动物吃植物，吸收碳

动物死亡，身体腐烂

动物的排泄物含有碳

分解者，比如细菌，能使死亡的植物、动物和动物排泄物腐烂，释放二氧化碳

营养级

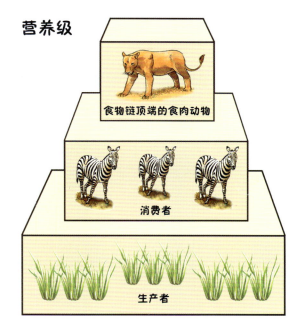

食物链顶端的食肉动物

消费者

生产者

氮气（Nitrogen）：空气中的一种无色气体。所有生命细胞中都含有氮化合物。

氮循环（Nitrogen Cycle）：氮在自然界中的循环。土壤中的硝化细菌将氮气转化为一种叫硝酸盐的物质。植物通过根茎吸收硝酸盐，动物在吃掉植物时，也吸收了硝酸盐。动植物死后，氮被释放到土壤中，转化为硝酸盐。土壤中的反硝化细菌把这些硝酸盐中的一部分转化为氮气，这些氮气又被释放到空气中。

营养物质（Nutrients）：维持生物有机体生理和身体活动及不断生长所需的化学物质。

杂食动物（Omnivore）：以植物和其他动物为食的动物。

光合作用（Photosynthesis）：绿色植物在太阳光的照射下把二氧化碳和水转化为其所需的有机物的过程。

食肉动物（Predator）：通过捕杀其他动物而获取食物的动物。

猎物（Prey）：被食肉动物捕食的动物。

生产者（Producer）：能够自己合成自身所需物质的生物。例如，植物利用阳光、二氧化碳和水合成自身所需物质。生产者也被称作自养生物。

营养级（Trophic Level）：动植物在食物链中的位置。处于最低营养级的是数量众多的生产者。处于中间营养级的是消费者。最高营养级是数量不多的大型食肉动物。

水循环（Water Cycle）：水在海洋、陆地和大气间循环的过程。在太阳的作用下，水蒸发到大气中。水蒸气上升，遇冷凝结成云。雨和雪落到地面，水流到河里和海里，不断循环下去。

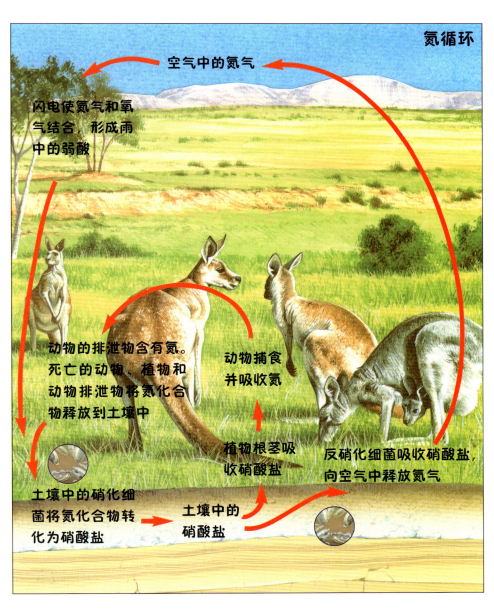

氮循环

空气中的氮气

闪电使氮气和氧气结合，形成雨中的弱酸

动物的排泄物含有氮。死亡的动物、植物和动物排泄物将氮化合物释放到土壤中

动物捕食并吸收氮

植物根茎吸收硝酸盐

反硝化细菌吸收硝酸盐，向空气中释放氮气

土壤中的硝化细菌将氮化合物转化为硝酸盐

土壤中的硝酸盐

你知道吗

★ trophic一词来源于希腊语trophe，意思是"营养"。

★ 空气中含有大约78%的氮气。

★ 大多数食肉动物每餐的间隔时间相对较长，但食草动物却不同，它们每天要吃得很多，这是因为植物提供的能量没有肉类那么多。

蚯蚓是重要的分解者

热带雨林 Tropical Rainforest

热带雨林是指终年湿热地区的高大、浓密的森林。不同的生物生活在不同的营养层次。大多数热带雨林动物生活在阳光照射充分的树顶，很少到地面活动。其他的动物有的生活在河里，有的在丛林里寻找食物。

板根（Buttress Roots）：生长在地面上的宽大树根，用以支撑浅根树木。板根常见于热带雨林，那里土壤贫瘠，树根无法深植于土壤中。

冠层（Canopy Layer）：热带雨林植被的第二层。冠层叶子形成了一个"屋顶"，许多水果和花就生长在这里。这一层也是大多数鸟类、昆虫和猴子的居所。

滴水叶尖（Drip Tip）：树叶末端的叶尖，多余的雨水顺叶尖流下。许多热带雨林的植物都有滴水叶尖，避免被大雨毁坏。

森林树冠层（Emergent Layer）：热带雨林的最高一层，由少数高于森林冠层的树冠组成，其中一些高达70米。森林树冠层是大型鸟类，比如鹰的栖息之所。

附生植物（Epiphytes）：依附其他植物生长的小型植物。附生植物也被称作"空气植物"。附生植物无法在黑暗的森林地

关键词

① 三趾树懒
② 萨拉长翼蝶
③ 鞭笞巨嘴鸟
④ 五彩金刚鹦鹉
⑤ 水豚
⑥ 野猪
⑦ 水蟒
⑧ 凤冠雉
⑨ 鳄鱼
⑩ 蜜熊
⑪ 翠绿树蚺
⑫ 松鼠猴
⑬ 赫利康尼亚蝴蝶
⑭ 树蛙
⑮ 蜂鸟
⑯ 附生植物
⑰ 吼猴
⑱ 黑脉金斑蝶

表存活，所以它们根植于阳光照射的冠层。它们从雨水以及掉落的水果和树叶中吸收水分和营养。有些种类的附生植物能够在叶子中存储雨水，可供一些动物饮用、洗澡，甚至生活。

森林地表（Forest Floor）： 热带雨林的最低一层。由于冠层树木稠密，只有少量阳光能够照射到森林地表，所以只有少数植物在这里生长。昆虫以树上掉下来的腐烂的植物为食。昆虫把这些腐烂的植物分解为营养物质，这些营养物质又被土壤吸收。一些栖息在地面上的小型动物以这些昆虫为食，自身又被大的食肉动物如猫和蛇吃掉。

藤本植物（Lianas）： 为了得到冠层光线的照射而攀附在别的植物上的木藤。一旦攀爬到树冠，藤本植物间便相互缠绕，使得动物能够在树枝间攀爬。

根垫层（Root mat）： 森林地表相互交织的树根。雨林土壤中的大多数营养物质在森林地表，所以树木没有形成较深的根。于是它们的根茎蔓延到广阔的地表，以获取尽可能多的营养。

林下植被（Understorey）： 雨林植被的中间层，位于冠层和森林地表之间，也被称作灌木层。林下植被的植物高约20米，宽大的树叶能吸收足够的阳光。这一层是昆虫、蛇、蜥蜴和鸟类的栖息之所。

亚马孙雨林的动物

你知道吗

★ 世界上最大的雨林是南美洲的亚马孙雨林。这里的大多数野生动物生活在亚马孙河沿岸。

★ 世界上2/3的植物生长在热带雨林地区。

★ 世界上40%的植物生长在雨林冠层。

★ 有些藤本植物能蔓延长达3千米。

雨林冠层

① 森林树冠层
② 冠层
③ 林下植被
④ 森林地表
⑤ 板根

11

湿地 Wetland

红树的拱形根

湿地是一片有水体的区域。湿地分布在湖边、海岸附近，或是雨水、河水淹没的陆地。湿地有淡水湿地和盐水湿地之分，并随水域的气候、位置和营养因素的变化而变化。一些野生动物在湿地环境中繁衍生息。湿地对于鸟类特别重要，因为这里不但为鸟类提供了安全的栖息地，而且还可以为鸟类提供食物。

泥塘（Bog）：由松软的、有水体的土壤形成的一种湿地。生活在泥塘里的生命不多。寒冷地区的泥塘生长着大片苔藓。热带泥塘有时是食虫植物生长的地方。由于土壤贫瘠，营养匮乏，植物捕食昆虫作为一种营养来源。

咸水湿地（Brackish）：轻微含盐的湿地。

河口（Estuary）：是河流入海的地段。生活在河口地区的动物能够适应淡水和咸水，以及潮起潮落的不断变化。河口是许多贝类动物、鱼类和涉水鸟的栖息之所。

沼泽地（Everglades）：长期被积水浸泡，水草茂密的泥泞地区。一些涉水鸟（➡23），如火烈鸟，在浅水区觅食，而短吻鳄则栖息在深水区。

地下水（Groundwater）：是指地表下面的水资源，地下水来自地面渗入的雨水。大多数地下水流入河流或海洋，但有些地下水渗出地表，形成绿洲（➡14）或沼泽。

山丘（Hummock）：沼泽中间泪珠状的小岛。山丘表面坚实牢固，有树木生长。

泻湖（Lagoon）：被沙坝或珊瑚分割而与外海相分离的浅水水域。泻湖是一些甲壳纲动物和鱼类的栖息之所。

红树（Mangrove）：生长在温暖地区隐蔽海岸的乔木或灌木。为了防止海浪冲击，红树有许多支柱根和呼吸根。支柱根从树枝上生出，直插入海湖淤泥，形成支撑。呼吸根则像手指一样，由土中伸出地面，吸收空气中的氧气和水汽。

红树林（Mangrove Forest）：热带地区隐蔽海岸的红树生长区域。鱼类生活在浅水区，小动物在泥土中挖洞。在树上栖息的猴子和鸟类，一直警惕着食肉的蛇或鳄鱼。

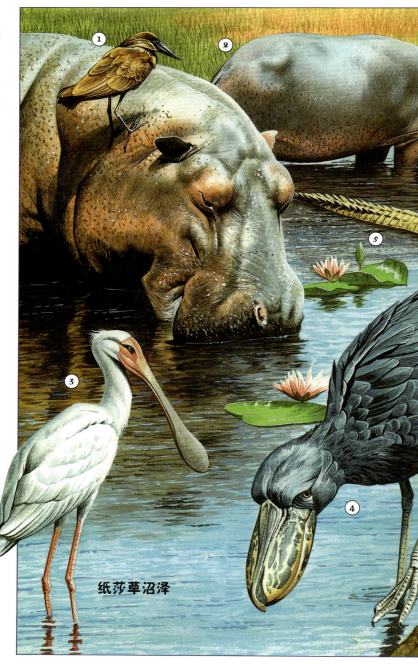

纸莎草沼泽

生活在红树林的弹涂鱼（左图）。潮起潮落间，弹涂鱼从存储在头部鱼鳃附近的水中获取氧气。涨潮时，弹涂鱼钻洞穴居，或是爬到树上躲避天敌

沼泽（Marsh）：是指湿地低洼的浅水区。分布在河流附近或沿海地带。常见的沼泽植物有牧草和芦苇。

泥滩（Mudflat）：河水缓缓流向海洋时形成的泥沙。泥滩是一些甲壳纲动物、虫类、鱼类的栖息之所，也是一些涉水鸟（➡23），如鹭的重要栖息地。

纸莎草沼泽（Papyrus swamp）：淡水沼泽，分布在亚热带地区。主要植物为高大的、像芦苇一样的纸莎草。

泥炭（Peat）：在泥塘和沼泽中形成的一种黑土。死去的植物在缺氧环境中不能完全分解，经过长时间的过程便形成泥炭。其他植物在泥炭中生长，然后死去，也形成泥炭。干燥的泥炭可用作燃料燃烧。

盐度（Salinity）：水中盐的含量。盐度高的水非常咸。

沼泽地（Swamp）：由地下水形成的一种湿地。和其他湿地相比，生长在沼泽地的植物更多，包括乔木。沼泽地是许多鱼、昆虫、两栖动物、爬行动物和一些鸟的栖息地。

你知道吗

★ 地球表面约6%被湿地覆盖。

★ 热带海岸的1/3地区生长着红树。

★ 位于南美洲巴西的沼泽是世界上最大的湿地。面积超过140000平方千米——比希腊的国土面积还要大。

★ 沼泽中水下的腐烂植物能产生易燃的气体甲烷。当甲烷暴露于氧气中，便会燃烧，产生神秘的火焰。这些沼泽光则是神话和童话故事中的"鬼火"。

关键词

① 锤头鹳
② 河马
③ 非洲篦鹭
④ 鲸头鹳
⑤ 鳄鱼
⑥ 水牛
⑦ 泽羚
⑧ 水雉
⑨ 沼泽猫鼬
⑩ 先驱蛇
⑪ 翠鸟

沙漠 Desert

沙漠地区很少或从不降雨，因此是地球上最不适宜居住的地区之一。有些沙漠地区常年天气炎热，而有些却气候寒冷。所有的沙漠地区都非常干燥。尽管气候恶劣，沙漠地区也生活着各种生物。这里的植物会存储雨水，或树根较深，吸收地下水。许多沙漠动物，无论是食草动物还是食肉动物，都会从它们的食物中获取所需的水分。它们很少出汗、排尿或排出身体里的其他液体，于是保存了珍贵的水分。

加速的生命周期（Accelerated Life Cycle）：植物或动物的短暂生命周期。一些沙漠中的生物拥有加速的生命周期，使得它们在雨季快速生长，而躲避干旱的季节。例如，非洲牧草的种子会一直休眠到雨季，一旦它们开始生长，两周内就会开花结果。

仙人掌（Cactus）：一种沙漠植物，肥厚的根茎和枝叶能够储存水分。仙人掌有自己进行光合作用（◀9）的方式，只在寒冷的夜晚打开气孔，吸收二氧化碳。大多数种类的仙人掌身上长满了刺以防止被动物吞食。尽管这样，有些动物，如吉拉啄木鸟和姬鸮，还是会栖息在仙人掌的根茎里。

生石花

冷沙漠（Cold Desert）：年降雪或降雨量低于250毫米，平均气温低于10℃的地区。南极洲是冷沙漠，因为南极洲的水被锁在冰川里。蒙古的戈壁滩因山脉阻隔了温暖、潮湿的气流而寒冷干燥。

热沙漠（Hot Desert）：年降雪或降雨量低于250毫米，平均气温超过20℃的地区。一些沙漠的气温达到50℃。大型哺乳动物有厚厚的皮毛抵抗炎热，小型动物常生活在地下以躲避白天的高温。

生石花（Living Stone）：一种生长在岩石中的沙漠植物，吸收渗入到岩石裂缝中的水分。生石花叶子肥厚，外表光滑，能防止水分流失。为了防止被吃掉，生石花的形状和颜色不断进化，使得它们看起来像周围的岩石。

夜行性（Nocturnal）：夜间活跃，白天不活跃。许多小型沙漠哺乳动物，如袋鼠、老鼠和地松鼠就属于夜间活动的动物。它们白天挖洞，躲避炎热的太阳，只有在夜晚才出来觅食。

绿洲（Oasis）：沙漠中有植物的区域。大多数绿洲是地下水（◀12）溢出地表而形成的。许多沙漠动物定期来到绿洲饮水，

14

图例表

① 姬鸮
② 吉拉啄木鸟
③ 蜂鸟
④ 郊狼
⑤ 巨大仙人掌
⑥ 叉角羚
⑦ 蝇虎
⑧ 蝎子
⑨ 走鹃
⑩ 大型蜥蜴
⑪ 长耳大野兔
⑫ 吉拉怪兽
⑬ 狼蛛
⑭ 凤蝶
⑮ 棕曲嘴鹩鹩
⑯ 美洲野猫
⑰ 领鸵蜥

有时甚至长途跋涉。比如，雄性沙鸡每天飞行几十千米，在水中弄湿自己的羽毛，然后再为它的幼仔带回去一些水。

深根吸水植物（Phreatophyte）： 一种树根很长的沙漠植物，能够从深深的地下吸收水分。沙柳和牧豆树都属于深根吸水植物，其根长超过50米。

灌木丛林地（Scrubland）： 主要由灌木和牧草组成的植物群落。灌木丛林地植物能够很好地适应干燥环境，并能在一些半干旱地区生长。

多肉植物（Succulent）： 在茎、叶或根部贮藏水分的植物。大多数多肉植物叶子较小，外表有一层光滑的角质层，有助于防止水分蒸发流失。仙人掌就是一种多肉植物。

关键词

① 蜘蛛
② 西部菱斑响尾蛇
③ 囊鼠
④ 卢鼠
⑤ 敏狐

草原 Grassland

草原是指牧草和低矮的灌木繁茂生长的开阔地区。草原分布在降雨量多于沙漠但少于森林的地区。热带草原分干旱季节和潮湿季节。温带草原有4个季节。亚洲草原、北美大草原和南美大草原以牧草为主，而非洲草原和澳大利亚草原，由于属于热带气候，树木较多。

东非的热带稀树草原

长颈鹿

非洲水牛

猴面包树（Baobab Tree）：一种非常适合在非洲草原生长的乔木。这种树巨大的像花瓶一样的树干里能储存水分，因而能在干燥的季节生长。目前已知的最大的猴面包树的树围接近50米。

吃嫩叶的动物（Browsers）：以乔木和灌木的叶子、嫩枝为食，而不是以草为食的动物。由于吃嫩叶的动物以不同层级的食物为食，因此避免了竞争。在非洲大草原，长颈鹿的长脖子和大象的鼻子使它们能够吃到最高的树叶，而小一点的动物则以下层的叶子为食。

干旱季节（Dry Season）：一段长时间的干旱天气。干旱季节开始时，大多数食草动物从它们的繁殖地迁徙到潮湿的地区。

草原土拨鼠住在地洞（➡20）内保护自己。古老的地洞有时会被穴小鸮或响尾蛇占据

猴面包树

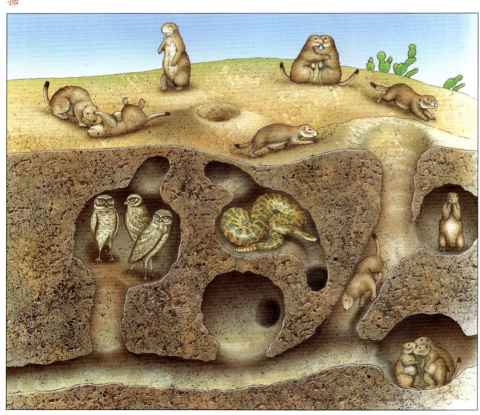

食草动物（Grazers）：以草为食的动物。鹿、马和牛都是食草动物。吃嫩叶的动物和食草动物每天要吃大量的东西以获得充足的营养。

兽群（Herd）：一起居住和迁徙的庞大的动物群落。大多数蹄类动物和许多其他的食草动物以兽群的形式居住在一起。兽群使它们相互保护，因为一个大的群体更容易辨认出捕食者。兽群从一个地方迁徙到另一个地方，寻找新鲜的牧草和水源。

南美大草原（Pampas）：位于安第斯山脉以东，气候温和，降雨均匀。时常发生的野火阻碍了灌木或乔木的生长，所以牧草是这里主要的植被。南美大草原是各种鸟和动物，如鬃狼和酷似鸵鸟的美洲鸵的栖息地。

北美大草原（Prairies）：北美洲的无

非洲象

斑马

树平原。北美洲草原夏季炎热，冬季寒冷。这里是许多动物如野牛、蛇、鸟类的栖息地，也是一些小型哺乳动物如草原土拨鼠的住所。

热带大草原（Savanna）：赤道附近的草原地区。最大的热带大草原分布在非洲。热带大草原以牧草为主，但也分散着一些灌木和乔木。这里气候炎热，只有干旱季节和潮湿季节。这里生活着许多食草动物，如长颈鹿、斑马和羚羊。这些食草动物又被大的食肉动物如狮子、豹和鬣狗掠食。

食腐动物（Scavenger）：以其他动物所吃的残余食物为食的动物。在热带稀树草原，鬣狗、秃鹫和豺都是食腐动物。

西伯利亚干草原（Steppes）：亚洲无树草原。受北极地带寒风的影响，西伯利亚干草原气候寒冷。这里是许多动物如高鼻羚羊、普氏野马和旱獭的栖息地。

潮湿季节（Wet Season）：一段长时间的潮湿天气。潮湿季节是热带地区（亚热带稀树草原）的两个季节之一，在潮湿季节，植物快速生长。因为潮湿季节里动物有更多饮水，所以动物可以更加自由地迁徙。

野火（Wildfire）：草原或森林大火。野火多数是由闪电引起的。一些生态系统依靠野火而存在，因为某些物种（如澳大利亚瓶刷子树）只有在大火过后才能散落种子。

热带大草原的食草动物：不同的物种吃不同层级的植物以避免相互竞争

长颈鹿

大象

非洲瞪羚

非洲旋角大羚羊

斑马

犀牛

瞪羚

迪克·小羚羊

森林 Forest

森林是被树木覆盖的大片陆地。落叶林生长在热带地区和接近极地的寒冷地区之间。向北延伸，针叶林覆盖了大片陆地。冬季，植物枯萎，森林里食物稀少，一些动物开始冬眠或迁徙，其他动物在秋季储存食物以备过冬。

北方针叶林（Boreal Forest）： 分布在北半球（如俄罗斯和北美）的浓密的针叶林。

阔叶树（Broadleaves）： 是指榆树和橡树等具有宽阔、扁平叶片的乔木。大多数阔叶树都是落叶树，但也有少部分是常青树。

针叶林（Coniferous Forest）： 主要由针叶树组成的森林。针叶林分布在北方多山地区。这里的许多动物以浆果和真菌为食。冬季，针叶树是动物们的栖息处和避寒之所。

针叶树（Coniferous Trees）： 种子在松球里生长，并且具有针形叶片的树木，如松树和冷杉。针叶树以圆锥形生长，这便于大雪从树上散落，避免压断树枝。大多数针叶树是常青树，但也有一些在秋天落叶，如落叶松。

关键词

① 狐狸　　⑧ 蝙蝠
② 兔子　　⑨ 喜鹊
③ 知更鸟　⑩ 猫头鹰
④ 野猪　　⑪ 乌鸫
⑤ 野鸡　　⑫ 小鹿
⑥ 松鼠　　⑬ 鼬
⑦ 啄木鸟　⑭ 刺猬

落叶树（Deciduous）： 像橡树、枫树和桦树一样在秋天落叶的树木。树叶脱落使得落叶树整个冬天都能保存水分。春天，它们会从花蕾中长出新叶。

落叶林（Deciduous Forest）： 主要由阔叶树组成的森林。落叶林分布在夏季温暖、冬季寒冷的地区。这里土壤肥沃，阳光能照射到森林底部，树木之间有丰富的地表植被层。

常青树（Evergreens）： 像冬青、松树等一年四季都有叶子的树木。常青树在四季都有落叶，但同时它也在长新叶。

冬眠（Hibernation）： 是指一些动物在减少活动的状态下过冬的过程。冬眠时，动物的呼吸系统以及其他身体系统运行缓慢，以保存能量。一些森林动物（如蝙蝠、刺猬和睡鼠）都会在冬天冬眠以保存能量。

落叶层（Leaf Litter）： 堆积在地面表层的落叶。在落叶林中，蚯蚓生活在落叶中，将落叶分解为能被植物吸收的营养物质。

泰加林（Taiga）： 俄罗斯北部广阔的针叶林。夏天在冻原（➡25）觅食的动物（如麋鹿和驯鹿）在冬季便躲避在泰加林，以积雪下的苔藓为食。

你知道吗

★ Taiga 一词是俄语，意为"寒冷的森林"。

★ 森林曾一度覆盖了欧洲、北美洲和亚洲的大片地区。但现在许多落叶林被砍伐，肥沃的土地种上了庄稼。在亚洲和北美洲，大片的针叶林生长在贫瘠的土地上。

★ 地球上 1/3 的陆地被森林覆盖。

★ 一些森林小动物身上长有斑纹，这使它们能够和阳光下的树荫融合在一起。这样，它们就不容易被食肉动物发现。

地下世界 Under the Ground

许多动物的一生或生命中的一部分时光是在地下度过的。有的以植物的根茎或其他地下动物为食，有的钻穴而居来逃避食肉动物的捕食或躲避地面上的极端天气，有些动物终年生活在地下，但大多数动物偶尔会来到地面上。地下动物有助于混合泥土中的营养物质，给地上的植物输送营养，因此它们的存在是十分重要的。

基岩层（Bedrock）：土壤下面的坚硬岩层。

地洞（Burrow）：动物在地下挖掘的洞穴。地洞为动物提供了一个安全的居住或哺育幼仔的地方。常见的穴居动物有哺乳动物，如兔子和囊鼠；鸟类，如海鹦；以及各类昆虫、蜘蛛和蠕虫。

兽穴（Den）：野兽的洞穴。

掘地动物（Fossorial）：擅长挖掘的动物。常见的掘地动物有獾、兔子和鼹鼠。

腐殖质（Humus）：腐烂的有机物在土壤中形成的黑褐色物质。腐殖质是动植物的重要营养来源。

獾的洞穴（Sett）：獾的地下洞穴，由不同的"房间"组成，由地道网相连。睡觉的房间和哺育幼仔的房间由草或树叶连在一起。夜晚，獾离开洞穴，到地上捕猎。

土壤（Soil）：岩石碎片和生物的混合体——生物主要是死亡的动植物的腐体。土壤颗粒之间是水和空气。土壤中有成千上万的微生物，如细菌；有微小的动物，如螨虫；还有植物的根和昆虫的幼虫。

土层（Soil Horizons）：呈水平状态的土壤层。从上至下依次为：表土层，底土层，基岩层。

底土层（Subsoil）：基岩层和表土层之间的土层。底土层的岩石碎片比表土层多。为了使根基牢固，灌木和乔木都植根于底土层。

表土层（Topsoil）：土壤的最上层，通常有5~20厘米厚。是营养最丰富的土层，由刚腐烂的树叶和植物组成，一些小型动物生活在表土层，有的小型植物也植根在表土层。

兔穴（Warren）：野兔挖的洞穴。

地面切片显示的土层

放大的微小生物（左）

落叶林的地下风景（◀18）

你知道吗

★ 不同土壤的厚度、矿物质和营养物质极为不同。这些差异都是由气候和土壤下面的岩石种类决定的。土壤的类型决定了在这里生长的植物种类。

★ 一些昆虫在生命周期的幼年时期生活在土壤中。

★ 蚯蚓对改善土壤条件非常重要。它们吞入泥土，再排泄出去。这种半消化的土壤是非常好的肥料。当蠕虫在土壤中蠕动时，能疏松土壤，有助于分散营养成分。

关键词

① 落叶层
② 表土层
③ 底土层
④ 基岩层
⑤ 红恙虫
⑥ 跳虫
⑦ 伪蝎
⑧ 蛤蟆菌（毒菌）
⑨ 黄蜂巢
⑩ 蚯蚓
⑪ 斑螫幼虫
⑫ 树蚁
⑬ 兔幼仔
⑭ 鼹鼠（吃蚯蚓）
⑮ 白鼬
⑯ 冬眠鼠

河流和池塘 Rivers & Ponds

河流和湖泊是许多动植物的栖息地。有的动植物生活在水里，有的生活在周围的陆地上。几乎没有植物能生长在水流较快的地方，所以这里的动物以落在水里的植物为食。在水流平缓的地方，泥土堆积，形成河床，植物便可以生长。蠕虫和蜗牛以植物为食，而自己又被鱼类、鸟类、蛙类和大型昆虫捕食。鸟类和哺乳动物也以鱼类和昆虫为食。

鲑鱼是为数不多的能在湍急的水流里生活的鱼类之一

藻类（Algae）：没有真正茎、根和叶的植物。藻类分布在水里或潮湿的地面。池塘和湖泊平静的水面正是藻类生长的理想场所。

水生动植物（Aquatic）：生活在水里的植物或动物。

底栖生物带（Benthic Zone）：湖泊、河流（或海洋）的底部区域。生活在深海区的多数是在泥土中钻穴而居的蠕虫、蜗牛、昆虫或小蟹。

挺水植物（Emergent Plants）：根生长在水下，但顶部挺出水面的植物。

浮水植物（Floating Plants）：漂浮在水面的植物。浮水植物的根悬浮在水中。浮水植物比挺水植物或沉水植物受到的阳光照射更多。

淡水（Fresh Water）：几乎不含盐的水。淡水分布在小溪、河流、湖泊和一些沼泽（◀12）中。

湖泊（Lake）：内陆盆地中宽广的、缓缓流动的天然水体。大多数湖泊通过入湖河流而获得水量，但有的湖泊以冰川融水为主要补给。

静水生态系统（Lentic Ecosystem）：是指不流动或很少流动水体的生态系统，如湖泊和池塘。静水水体是藻类的理想生长场所。浮游动物以藻类为食，自己又被昆虫和小鱼吃掉。

沿岸带（Littoral Zone）：湖泊、河流（或海洋）的沿岸地带。阳光透过沿岸带的水面，促进植物生长。大多数生物都生活在沿岸带。

河狸的穴（Lodge）：河狸的洞穴。河狸用树枝垒成堤坝，以阻挡溪流的去路，用软泥和树枝在中心洞穴周围筑坝蓄水，形成小的湖泊，防止天敌侵扰。河狸挖掘水下运河通往自己的洞穴。

流水生态系统（Lotic Ecosystem）：是指流动水体的生态系统，如河流。河流的上游河段，水流湍急，植物无法植根于此，只有生存能力较强的鱼类能在此生存。河流下游水流变缓，多数生物在这里栖息。

河狸筑的堤坝和洞穴

河狸的穴

被砍伐的树

筑有堤坝的湖

堤坝

水下入口

关键词

① 鹭
② 绿头鸭
③ 大龙虱
④ 青蛙
⑤ 鲈鱼
⑥ 昆虫的幼虫
⑦ 鲤鱼
⑧ 棘鱼
⑨ 软体动物
⑩ 蠕虫

栖息在池塘
的动物

池塘（Pond）： 水很浅，阳光能够直达塘底的淡水池。池塘里的常见食肉动物有蝾螈和青蛙。

河堤（Riverbank）： 河道两岸的陆地。河堤是许多动物的栖息地。小的哺乳动物（如田鼠）住在水线以上的洞穴里，而鸟类在浅水区高高的芦苇和灌木丛里筑巢。

河床（Riverbed）： 河流的底部，常常覆盖着泥土和淤泥。浅水区的植物生长在河床里。小型动物也在这里钻穴而居。

沉水植物（Submerged Plants）： 完全生长在水下的植物。沉水植物生长在阳光照射充足的浅水区。

热带河流（Tropical Rivers）： 流经炎热、潮湿的热带区域的河流。热带河流里有很多鱼，如水虎鱼、金龙鱼和电鳗。这里是鸟类和陆栖动物觅食的好去处。

涉水鸟（Waders）： 像鹤和鹭一样涉水猎食的长腿鸟类。

蹼足（Webbed Feet）： 像船桨一样，趾间由蹼相连。水栖哺乳动物用蹼足游泳，如河狸和鸭嘴兽。

你知道吗

★ 最多时12只河狸可同时居住在一个洞穴内。一个洞穴内通常有两个房间：一个房间用于河狸出水后弄干身上的水，另一个房间便是河狸家族待的时间最多的地方了。

★ 如果池塘、湖泊或河流在冬季结冰，生活在这里的动植物便躲在冰层下面，直到冰雪融化。

★ 蜻蜓（右）是捕猎好手，以河流和池塘水面上的小型昆虫为食。

山脉 Mountain

山脉较低的山坡常常覆盖着森林，但随着高度的增加，树木逐渐被灌木丛（◀15）和岩石地形取代。有的高山山顶终年覆盖着积雪，空气稀薄，风大。为了能适应缺氧的环境，这里的动物都有强大的心脏和肺，并有厚厚的皮毛抵御严寒。牧场牲畜有灵活的蹄子，使它们能在危险的陡坡上快速奔跑。

高山草甸（Alpine Meadow）：山坡上高于林木线的草甸。这里花草种类丰富。

高山带（Alpine Zone）：林木线以上的山地。山羊和小型哺乳动物（如旱獭和鼠兔）就在这里生活。这里也有大量的昆虫，但大多是不能飞的，因为它们无法抵御寒风。这里的植物矮小、耐寒。

高山迁徙（Altitudinal Migration）：季节变化时动物在山上山下来回迁徙。在寒冷的月份，许多动物迁徙到地势低洼的地方，寻找食物和住处。

云雾林（Colud Forest）：生长在热带山坡上的森林（◀18）。这里的树叶吸收周围烟雾的水分，苔藓植物密生。

山地带（Montane Zone）：亚高山带以下的地区。这里气

只有生存能力最强的鸟类，如这种安第斯秃鹫，能抵抗山顶的寒风

夏季，成群的驯鹿从针叶林（◀18）带来到冻原觅食

你知道吗

★ 有时一座山脉的两侧属于不同的生态系统。风把潮湿的空气带到山脉，湿气凝结，形成降雨或降雪。当风到达离山脉较远的一侧时，已经失去了大部分水分。所以，山脉的一侧气候湿润，而另一侧气候非常干燥。

★ Tundra一词来自于芬兰语 tunturi，意思是"无树的平原"。

★ 喜马拉雅山脉最大的动物是牦牛（下图）。牦牛有厚厚的皮毛，头上还有长长的毛发。过厚的毛发使得牦牛在夏季不得不去山脉地势较高的地方，寻找避暑之处。

候凉爽，降雨量大，代表性的植被是森林（◀18）。

山脉层（Mountain Zones）：山脉由下至上不同层次的生态系统（◀4）。山脉底层是落叶林（◀18），然后是针叶林（◀18），针叶林以上植物越来越稀少。

多年冻土（Permaforst）：冻土带冻结的表土层。这里的植物只有在短暂的夏天才能生长，这时多年冻土开始融化，植物的根开始生长。

雪线（Snow Line）：山脉的某一高度，这一高度以上常年积雪。

亚高山带（Subalpine Zone）：介于山地带和林木线之间的山区。沿林木线向外，树木越来越稀疏，林木线以上没有树木。

峰顶（Summit）：山脉的最高点，也叫"山峰"。

林木线（Tree Line）：山脉上的一个高度。林木线以上，天气寒冷，土壤贫瘠，树木无法生长。

冻原（Tundra）：几乎没有植物生长的地带，因为这里土壤几乎总是冻结的。冻原分布在北冰洋和南冰洋的边缘，一些山脉上也分布着冻原。冻原的土壤一年中大多数时间是冻结的，动植物稀少。夏季，冰雪融化，一些小型植物开始生长。

关键词

① 雪豹
② 岩羚羊
③ 黄嘴山鸦
④ 鼠兔
⑤ 旱獭
⑥ 松鸦
⑦ 北山羊

山脉层

① 高山冻原
② 高山草甸
③ 灌木丛
④ 针叶林
⑤ 落叶林

雪线
高山带
林木线
亚高山带
山地带

人与自然 Man and Nature

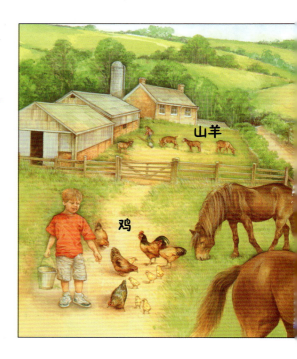

人类活动对自然和环境已经产生了巨大影响，住房、公路、工厂和耕地取代了林地、湿地和草原。人类把动植物加工成食物和其他产品，还有许多人养起了宠物。有的动物已经适应人类环境，但有的动物因为住处被毁坏还在为生存而挣扎。面对这样的威胁，为了挽救更多的动植物，人们已经启动了一些自然保护项目。

自然保护（Conservation）：生物圈的管理和保护，以防止因环境被破坏和动物灭绝造成的不平衡。自然保护项目通过建立保护区或种子库等方法挽救动植物。

采伐森林（Deforestation）：或是为了得到土地，或是用树木作为燃料，或是用作建造房屋，而人为地砍伐森林。森林砍伐使许多物种面临危险。

驯化（Domestication）：驯服野生动物和改变植物性状的过程。就像农民播种后收获庄稼一样，驯养动物可以为我们提供羊毛、牛奶、鸡蛋或肉，或是帮人类耕作。

濒危物种（Endangered）：濒临灭绝的动植物。濒危物种数量很少，以至于有全部绝迹的危险。

灭绝（Extinction）：一个群体、物种或亚种的每个成员死亡的过程。灭绝是一种自然现象，但最近几年，人类的行为导致了动植物种类灭绝速度的急剧上升。

狩猎（Hunting）：捕杀或猎取野生动物。

外来物种（Introduced Species）：人类引进到新环境的物种。有的外来动物猎捕本地的物种，使它们濒临灭绝。例如，欧洲移民带到大洋洲岛屿上的老鼠。这些老鼠吃掉了很多鸟类的蛋，导致了许多鸟类的灭绝。有的外来物种会和本地物种争抢食物。例如，进口到新西兰的马鹿就会和那里的其他牧场动物争夺食物。

偷猎者储藏的象牙

象牙（Ivory）：一种坚硬的、乳白色的物质，广泛意义上指象、海象等动物的牙。大象被偷猎者捕杀，象牙被制成装饰品。

浣熊、老鼠和海鸥在城市边缘的垃圾堆寻找食物

家畜（Livestock）：人类为了获取羊毛、肉类、鸡蛋、牛奶或兽皮而饲养的动物。

小气候（Microclimate）：局部地区的气候，如城镇。一般来说，城镇要比乡村暖和，因为城镇里的住宅区、办公场所和工厂都会散发热空气。冬季，城镇会吸引鸟类和其他动物迁徙到这里，因为这里容易找到食物，有适合筑巢的地方和适宜的温度。

本地物种（Native Species）：自然生长在某个区域的动植物物种。

杀虫剂（Pesticides）：用来杀死害虫的化学药品。化学杀虫剂的使用也会破坏某些益虫比如蜻蜓的平衡。杀虫剂还

有的农场种植庄稼，有的农场饲养动物，还有一些农场，既种植庄稼，也饲养动物，就像这个一样。

庄稼

猪

马

母牛

鹅

会把有毒物质带到食物链中，从而伤害其他动物。

害虫（Pests）： 一类生物，它们的行为或数量给人类造成损害或给人类生活带来不便。例如，蝗虫毁坏庄稼；老鼠也成为许多地方的有害动物，吃人类的食物，并传播疾病。

偷猎（Poaching）： 为了捕食或运动，或为出售动物身体的某些部分而进行的非法猎捕。

自然保护区（Reserve）： 用来保护野生动物的特殊区域。自然保护区有管理员看管，防备猎人和偷猎者。许多自然保护区内正在开展繁殖计划，以增加濒临灭绝动物的数量。

种子库（Seed Bank）： 储存植物种子的地方，也是保护濒危物种的一种方式。许多已被发现具有药用价值的野生植物的种子也用这种方式储存起来。

城市化（Urbanization）： 人们涌向城市，导致城市扩大。城市化大大地改变了一个地区野生生物的分布，但是许多物种已经适应了城市里的生活。鸟类用屋顶、房檐和烟囱，而不再用悬崖和树梢作为栖息和筑巢的地方。垃圾堆也吸引了老鼠、狐狸和胡狼、北极熊等大型动物，它们在垃圾堆里寻找食物。

被砍伐用作耕地的热带雨林

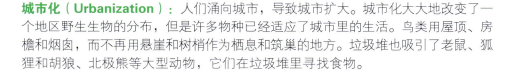

图书在版编目（CIP）数据

美丽的自然 / (英) 鲁斯·西蒙斯著 ; 蒋彤彤译. —沈阳：
辽宁科学技术出版社, 2017.5

（少年儿童百科全书）

ISBN 978-7-5591-0036-8

Ⅰ. ①美… Ⅱ. ①鲁… ②蒋… Ⅲ. ①自然科学－少儿读
物 Ⅳ. ①N49

中国版本图书馆CIP数据核字(2016)第287647号

出版发行：辽宁科学技术出版社
　　　　　（地址：沈阳市和平区十一纬路 25 号　邮编：110003）
印 刷 者：辽宁北方彩色期刊印务有限公司
经 销 者：各地新华书店
幅面尺寸：230mm × 300mm
印　　张：3.5
字　　数：100 千字
出版时间：2017 年 5 月第 1 版
印刷时间：2017 年 5 月第 1 次印刷
责任编辑：姜　璐
封面设计：大　禹
版式设计：大　禹
责任校对：徐　跃

书　　号：ISBN 978-7-5591-0036-8
定　　价：25.00 元

联系电话：024-23284062
邮购咨询电话：024-23284502
E-mail: 1187962917@qc.com
http://www.lnkj.com.cn